SOCIÉTÉ D'AGRICULTURE

DE

BOURBOURG.

COMPTE RENDU

des Travaux de la Société d'Agriculture

de

BOURBOURG,

PENDANT L'ANNÉE 1850,

suivi d'un

Aperçu sur les Concours et la situation financière de la Société en 1851

ET DE

L'état présumé des Recettes et Dépenses en 1852.

Dunkerque. — Imp. de C. Drouillard, rue des Pierres, 7.

SOCIÉTÉ D'AGRICULTURE

DE

BOURBOURG.

COMPTE RENDU

des Travaux de la Société d'Agriculture de Bourbourg,

PENDANT L'ANNÉE 1850,

SUIVI D'UN

Aperçu sur les Concours et la situation financière de la Société en 1851 et de l'état présumé des recettes et dépenses en 1852.

A M. le Préfet et à MM. les Membres du Conseil Général.

Les allocations du Gouvernement et du Département et le chiffre de la cotisation, s'élevant ensemble à la somme de 2,736 fr., ont permis à la Société d'Agriculture de Bourbourg de remplir, en 1850, toutes les dis-

1851

positions de son programme pour l'encouragement des différentes branches de l'économie rurale dans l'arrondissement de Dunkerque.

Les concours, auxquels la Société a consacré ces fonds, méritent de fixer l'attention : on peut dire que nulle part ces concours n'ont été plus remarquables et n'ont trouvé, parmi les populations rurales, plus d'empressement et de sympathie. Il suffira, pour justifier cette assertion, de jeter un coup-d'œil sur ces différentes exhibitions.

CONCOURS DE 1850.

RACE CHEVALINE.

Étalons. — Primes disputées par six sujets réunissant les conditions exigées pour un bon service de reproduction.

Juments. — 22 juments poulinières de 3 à 7 ans ; dix sont l'objet d'une attention toute particulière. Plusieurs juments croisées.

Race Bovine.

Taureaux. — 15 concurrents : 12 de race flamande, 3 croisés Durham. 7 sujets d'un mérite supérieur.

Bœufs gras. — Cinq bœufs, dont trois excitent l'admiration des connaisseurs.

Vaches grasses. — 13 vaches, toutes recommandables par la taille, le poids et la beauté des formes. Cinq hors ligne.

Génisses grasses. — Dix génisses d'un mérite très-distingué.

Vaches laitières. — 8 vaches de cette catégorie, ayant toutes les qualités que l'on recherche dans ces animaux destinés à la reproduction.

Génisses pleines. — Au nombre de dix qui, la plupart, sont douées des meilleures qualités.

Bêtes grasses de la foire de Bergues.

La Société de Bourbourg a contribué pour une somme de 400 fr. dans les primes décernées aux meilleurs bestiaux gras exposés à la foire de Bergues, le dimanche des Rameaux.

Race Ovine.

Béliers. — Cinq sujets dont deux de race croisée anglaise introduits dans ces cantons par des membres de la Société.

Race Porcine.

Verrats. —Quatre. — On y compte un sujet de race anglo-chinoise.

De l'aveu des éleveurs et des connaisseurs, à aucune époque, on n'a vu réuni dans l'arrondissement de Dunkerque un nombre d'animaux d'élite aussi considérable et aussi remarquable par les qualités. C'est là un résultat qui constate une notable amélioration des différentes races d'animaux, et qui témoigne de l'utilité des Concours.

Concours de Labourage.

Vingt-cinq charrues à deux chevaux engagées dans la lutte. — Concours très-brillant, affluence de spectateurs, exécution remarquable du travail assigné aux concurrents.

— 4 —

Concours de Moralité.

Dix-huit concurrents. — Prix accordés à des services
de 50, 45, 40 et 38 années dans la même exploitation.

———

Exposition d'instruments et de produits agricoles et horticoles.

Instruments. — Prime accordée à un nouveau sys-
tème de moulin à vanner.

Productions agricoles et horticoles. — Blés in-
digènes et exotiques, Seigles, Orges, Avoines, Colzas,
Lins, Plantes fourragères, Graines, Légumes, Fruits,
Plantes fleuries, etc.

Cette exposition, étalée dans les vastes salles de l'Hôtel-
de-Ville, y a attiré, pendant trois jours, la foule
avide de contempler les productions agricoles et les
belles collections de Plantes, de Fruits et de Légumes,
envoyées de tous les points de l'arrondissement. (1)

———

Résultat de la monte faite en 1850 par un étalon pur sang et par un taureau de Durham.

Mais la Société n'a pas borné sa tâche à l'organisation
de concours, elle a voulu améliorer plus directement
les espèces de bétail les plus importantes au point de
vue de l'industrie agricole, les espèces chevaline et bovine. A cet effet, elle a acquis, à grands frais, un taureau de la race de Durham pour obtenir, par des croi-
sements avec les belles vaches flamandes, des animaux
mieux constitués pour la boucherie, et elle a réclamé et
obtenu des haras nationaux, un étalon de pur sang an-

———

(1) *Une somme de 2,408 fr. a été employée, en primes et
médailles, aux concours de 1850, et les pièces justificatives de la
dépense ont été adressées à M. le Préfet.*

glais en vue de multiplier les chevaux croisés, également propres aux travaux de la culture et au service de la cavalerie.

Ce premier essai a complètement réussi ; il a produit une quarantaine de poulains fins et a enrichi ces cantons d'environ 80 sujets croisés Durham que les éleveurs conservent et dont les meilleurs sujets mâles seront appelés, au printemps prochain, à un concours spécial et employés au service de la reproduction.

Travaux de la Société en 1851.

Dans sa sollicitude pour les progrès de l'agriculture et le bien-être des classes laborieuses qui s'y dévouent, la Société, bien que privée, cette année, de l'allocation départementale, n'en a pas moins poursuivi ses travaux avec la même ardeur.

Congrès agricole à Arras.

Elle a répondu à l'appel fait par le Congrès des agriculteurs du nord de la France qui s'est tenu à Arras au mois de mai dernier, et lui a adressé deux mémoires sur des questions proposées, l'un sur l'amélioration du service médical des campagnes dans l'intérêt des classes ouvrières et indigentes, et l'autre renfermant des considérations sur le défrichement des terres humides, le drainage, les irrégations et la police des eaux dans l'arrondissement de Dunkerque.

L'utilité des vues émises dans ces documents a été justement appréciée, et la Société a reçu, pour ces communications, des remerciments flatteurs du président du Congrès.

Organisation de la boucherie.

La Société a aussi étudié avec soin la question relative à l'organisation de la boucherie. Après de nombreuses recherches, elle a transmis à l'autorité administrative un travail qu'elle croit renfermer des notions utiles au point de vue de l'alimentation publique.

Emploi du Sel.

La Société s'est encore appliquée à fournir à la Commission d'enquête de l'Assemblée Nationale des données sur la question des sels. A ce sujet, elle rappelle un mémoire intéressant d'un de ses membres, sur l'emploi du sel dans l'alimentation et l'engraissement du bétail. Les expériences faites sur un grand nombre de bestiaux ont établi que, par l'usage de cet agent, les animaux se nourrissent beaucoup mieux, et que leur engraissement s'obtient dans un temps moins long d'un quart que par les méthodes ordinaires.

Les résultats de ces essais portés à la connaissance des éleveurs par la Société, ont déterminé beaucoup de cultivateurs de ces cantons à employer le sel dans la nourriture du bétail.

Elevage de Chevaux.

Monte faite en 1851, par deux étalons des haras nationaux. — Déterminé par les belles qualités des nombreuses juments poulinières de ces cantons, et par les résultats déjà obtenus en 1850, le Directeur du dépôt d'étalons d'Abbeville a placé, cette année, en station à Bourbourg, sous le patronage de la Société d'Agriculture, deux étalons, l'un Byron, de pur sang anglais, l'autre Blendèques, demi-sang, carrossier.

Ces deux reproducteurs ont sailli 150 juments, douées en général d'excellentes qualités, et, si on ajoute à ce nombre 50 autres poulinières saillies par un autre étalon de 3/4 sang, appartenant à l'industrie particulière, on ne pourra s'empêcher de voir dans ce résultat des dispositions très-prononcées, de la part des éleveurs, à entrer dans une nouvelle voie et à abandonner l'usage de produire *exclusivement* de gros chevaux de labour.

La Société exprime le vœu que l'administration des haras continue à entretenir une station à Bourbourg, et qu'elle fasse choix de reproducteurs dont le mérite réponde suffisamment à celui des juments de cette circonscription.

Vœux divers.

Elle forme en outre les vœux suivants :

1° Que des allocations plus fortes soient accordées annuellement aux associations agricoles, pour leur permettre d'encourager plus efficacement les différentes branches de l'agriculture, et que notamment les subventions de l'Etat soient élevées au même chiffre que celles des départements ;

2° Que les concours régionaux, auxquels ne peuvent participer que quelques grands éleveurs, n'aient lieu que tous les trois ans, et que les sommes considérables qui y sont affectées chaque année soient réparties entre les comices pour des concours d'arrondissement dont l'utilité est plus démontrée ;

3° Que les ouvriers employés aux travaux de l'agriculture soient munis de livrets, comme ceux des autres professions industrielles, ce qui permettrait aux cultivateurs de distinguer les bons ouvriers et exercerait une heureuse influence sur la situation morale des populations agricoles;

4° Que l'autorité administrative favorise et provoque l'organisation dans les communes rurales d'associations particulières ayant spécialement pour objet de secourir et de faire soigner les ouvriers et les indigents des campagnes dans leurs maladies.

CONCOURS DE 1851.

Une Association agricole qui interromprait ses Concours annuels, cesserait, en quelque sorte, de donner signe de vie, et s'exposerait par là à perdre le fruit de plusieurs années d'efforts et de sacrifices. C'est ce que la Société de Bourbourg a compris. Aussi, privée en 1851 de sa plus importante ressource, la subvention départementale, et en présence d'un déficit de 536 fr. par suite de l'achat onéreux d'un taureau de Durham, a-t-elle dû redoubler de zèle et de dévouement pour pouvoir ouvrir des Concours cette année, et y affecter des primes convenables. Grâce à d'actives démarches, M. le Ministre de l'Agriculture a mis la Société à même de satisfaire à cette nécessité, et les fonds qu'il a accordés, ajoutés aux fonds de la cotisation et à ceux que M. le Maire de Bourbourg a promis de mettre à la disposition de la Société, ont permis de répondre à l'attente des cultivateurs et de proposer, en faveur des différentes espèces de bétail, les encouragements suivants :

Race Bovine.

Concours de taureaux. — Trois primes : la 1re de 120 fr.; la 2me de 100 fr. et la 3me de 80 fr.

Ce concours a eu lieu au mois de mai dernier. Il a été on ne peut plus remarquable ; 26 sujets y ont été présentés, et la Société a pu recommander au choix des éleveurs, pour le service de la monte, huit sujets hors ligne.

Bœufs gras. — Une prime unique de 75 fr. et une médaille en argent.

Vaches grasses. — Deux primes : la 1re de 75 fr. et une médaille en argent ; la 2me de 50 fr.

Génisses grasses. — Deux primes : la 1re de 75 fr. et une médaille en argent ; la 2me de 50 fr.

Vaches laitières. — Deux primes : la 1re de 60 fr. ; la 2me de 50 fr.

Génisses pleines. — Deux primes : la 1re de 60 fr. ; la 2me de 50 fr.

Race ovine.

Béliers. — Deux primes : la 1re de 40 fr. ; la 2me de 30 fr.

Race porcine.

Verrats. — Une prime unique de 30 fr.

Total pour primes et médailles affectées aux concours de 1851.............................. 990 fr.

La Société tient en outre des fonds en réserve pour les frais matériels de ces concours qui, par le nombre et la qualité des sujets, offriront encore plus d'intérêt que les concours de 1850.

Projet de budget de 1852.

Etat présumé des recettes et dépenses de 1852.

RECETTES.

Cotisations des membres titulaires........F. 300
Allocation du Gouvernement.................. 1000
  Id.   du Département.................... 1900

TOTAL............. 3200

DÉPENSES.

Déficit de l'exercice de 1850 par suite de l'achat d'un
  taureau de Durham.....................F. 536 10
Primes pour les étalons...................... 500 »
  Id. pour les juments.................... 325 »

Race bovine.
  Primes pour taureaux de la race flamande.................... 300 »
  Id. pour taureaux croisés Durham..................... 220 »
  Id. pour les plus belles bêtes grasses amenées à la foire de Bergues..................... 400 »
  Id. pour les plus belles bêtes grasses exposées à la foire de Bourbourg..................... 400 »

Race ovine. — Primes pour les meilleurs
béliers..................... 100 »

Race porcine. — Primes pour les verrats. 70 »

Labourage. — Concours de charrues : primes aux ouvriers laboureurs................ 150 »

Moralité. — Récompenses aux ouvriers et
servantes de fermes..................... 150 »

Instruments aratoires. — Primes..... 100 »

A reporter......... 3251 10

Report 3251 10

Exposition de productions agricoles et horticoles. — Médailles .... 100 »

Médailles à ajouter aux primes de plus de 50 fr. et aux prix décernés aux ouvriers laboureurs, agents et servantes de fermes ... 105 »

Gratification au copiste .... 100 »

Impressions .... 50 »

Frais de bureau .... 50 »

Frais matériels des concours agricoles .... 80 »

Total 3736 10

BALANCE.

Dépenses présumées 3736 10

Recettes   id .... 3200 »

Déficit 536 10

Le Président,
L. DEMEUNYNCK.

Les Vice-Présidents,
N. DECARPENTRY. WAGUET.

Les Secrétaires et Trésorier,
DUBOIS. NANQUETTE. DEPAEPE.

Bourbourg, le 15 Juillet 1851.

Personnel de la Société.

Membres du Bureau.

MM. De Meunynck, conseiller d'arrondissement, président.
De Carpentry, Ns, prop. à Gravelines, vice-président.
Waguet, maire, prop. cult. à Bourbourg-Campag., id.
Dubois-Daudruy, prop. cult.　　　　id.,　　　secrétaire.
Nanquette, artiste vétérinaire, à Gravelines,　　id.
De Pape, prop. hort. à Bourbourg, trésorier.

Membres honoraires.

MM. De Coussemaker, membre du conseil général.
De Carpentry,　　　　　　id.
Vanwormhoudt, Auguste, conseiller d'arrondissement.
Muchembled, prop., administrateur des Waeteringues.
Bachelier père, ancien maire, hort. à Cappellebroucq.

MM. VERCOUSTRE, maire de Bourbourg, cult. prop.

DESCHODT, adjoint,   id. id.

DE CARPENTRY, Eugène, juge-de-paix, à Bourbourg.

LYSENSOONE, Auguste, herbager,   id.

DESCHODT, Philippe, cult. prop.   id.

DE FOUCAULT, prop., administrateur des Waeteringues,
     à Bourbourg.

VERCOUSTRE, F^c, conduct. des Waeteringues à Bourbourg.

DELECOURT, pépiniériste,   id.

GEERSSEN, Adonis, cult. propr. à Bourbourg-Campagne.

LOUF, Charles, cultivateur propriétaire, id.

TÉTART, Auguste, adjoint, prop. cult.   id.

TÉTART, Gaspard, cultivateur éleveur,   id.

BELLE, père, prop., ancien cultivateur,   id.

BELLE, Edouard, cultivateur,   id.

DUVAL, cultivateur propriétaire,   id.

LAURENT, id.   id.   id.

DEBEUDRE, Joseph, cult. prop.   id.

VERCOUSTRE, Victor, id. id.   id.

LYSENSOONE, Winoc, id.   id. à Cappellebroucq.

LANDRON, maire,   id. id.   à Looberghe.

MEESEMAKER, Fidèle, id. id.   id.

MEESEMAKER, Alex., id. id.   id.

DERAM, Louis,   id. id.   id.

DEBAVELAERE,   id. id. à Brouckerque.

DUFOUR fils, cult., éleveur,   id.

GEERSSEN, maire, cult. prop. à Saint-Pierrebroucq.

WEMAERE, Edouard, cultivateur à Spycker.

Dunkerque. — Imp. de C. Drouillard, rue des Pierres, 7.

www.ingramcontent.com/pod-product-compliance
Lightning Source LLC
LaVergne TN
LVHW021816060726
842528LV00004B/1368